BEI GRIN MACHT SICH IHR WISSEN BEZAHLT

- Wir veröffentlichen Ihre Hausarbeit,
  Bachelor- und Masterarbeit

- Ihr eigenes eBook und Buch -
  weltweit in allen wichtigen Shops

- Verdienen Sie an jedem Verkauf

Jetzt bei www.GRIN.com hochladen
und kostenlos publizieren

Impressum:

Copyright © 2009 GRIN Verlag, Open Publishing GmbH
Druck und Bindung: Books on Demand GmbH, Norderstedt Germany
ISBN: 9783668291294

Nadja Lachmund

Leicht- und Verbundkonstruktionen. Bionik im Leichtbau

GRIN Verlag

GRIN - Your knowledge has value

Der GRIN Verlag publiziert seit 1998 wissenschaftliche Arbeiten von Studenten, Hochschullehrern und anderen Akademikern als eBook und gedrucktes Buch. Die Verlagswebsite www.grin.com ist die ideale Plattform zur Veröffentlichung von Hausarbeiten, Abschlussarbeiten, wissenschaftlichen Aufsätzen, Dissertationen und Fachbüchern.

Besuchen Sie uns im Internet:

http://www.grin.com/

http://www.facebook.com/grincom

http://www.twitter.com/grin_com

Leicht- und Verbundkonstruktion

Hochschule für Technik und Wirtschaft Berlin (HTW - Berlin)

Fernstudium Maschinenbau

Bearbeiter: Nadja Lachmund

Abgabedatum: 31. Mai 2009

Inhaltsverzeichnis

Abbildungsverzeichnis

Tabellenverzeichnis

Abkürzungs- und Formelzeichenverzeichnis

Abkürzung/Formelzeichen	Bezeichnung
bzw.	beziehungsweise
mglst.	Möglichst
o. g.	oben genannten
z. B.	zum Beispiel
CAIO	Computer Aided Internal Optimization
CAO	Computer Aided Opimization
SKO	Soft Kill Option
VTA	Visual Tree Assessment

1   Aufgabenstellung

Anfertigen einer Belegarbeit zu einem fachspezifischen Thema, welches aus einem Aufgabenpool ausgewählt wird. Vor Bearbeitung der Aufgabe nahm die Bearbeiterin an mehreren fachvertiefenden Vorlesungen des Dozenten teil.

Die Bearbeiterin hat folgendes Thema zur Bearbeitung mittels einer Belegarbeit ausgewählt:

Was ist „Bionik für den Leichtbau"? Erläutern an Beispielen der entsprechenden Anwendung von Metallen und Kunststoffen (Aufgabe 9 des im Unterricht ausgeteilten Aufgabenblattes)!

2　　　Vorbetrachtung

2.1　　Begriffsklärung

Die allgemeinen Definitionen des Leichtbaus und der Bionik werden im Folgenden erläutert, um danach die Bedeutung der Bionik für den Leichtbau darstellen zu können.

Leichtbau

In der Literatur herrscht eine Uneinigkeit bezüglich der Abgrenzung des Leichtbaus als eigenes wissenschaftliches Fachgebiet. Der Leichtbau ist interdisziplinär mit großen Schnittmengen zu anderen Fachgebieten wie der Werkstofftechnik, Statik, Konstruktionslehre, Mathematik und Mechanik. Das eindeutige Charakteristikum des Leichtbaus ist jedoch der Ansatz, optimale Kräftepfade mit minimalem Volumenaufwand zu ermöglichen.[1]

Der Leichtbau basiert auf dem Konstruktionsprinzip, Tragfunktionen ohne Gewichtszunahme zu verbessern. Dabei hat sich der Leichtbau übergeordneten Zwecken unterzuordnen: z. B. den Kosten und dem Nutzen.[2]

Der Leichtbau setzt sich mit der Entwicklung neuer Materialien und Fertigungsprozesse in allen Industriesparten durch. Das primäre Ziel der Unternehmen ist heutzutage die Kostenersparnis, der Leichtbau ist durch die Einsparung von Rohstoffen sowohl bei der Herstellung des Produkts als auch bei dessen Nutzung dafür prädestiniert. Leichtbau ist daher sehr bedeutend im Fahrzeug- und Flugzeugbau, der Architektur sowie in der Raumfahrt.

Bionik

Der Begriff Bionik setzt sich aus den Worten Biologie und Technik zusammen. Bionik ist allgemein gesagt, das Lernen von der Natur für eine verbesserte Technik.[3] Die Bionik ist laut NACHTIGALL eine junge Wissenschaftsdisziplin, welche sich systematisch mit der technischen Anwendung und Umsetzung von Konstruktionen, Verfahren und Entwicklungsprinzipien biologischer Systeme befasst.

---

[1] vgl. Wiedemann J.: Leichtbau 1: Elemente, 1. Auflage, Berlin, Springer Verlag, 1996, S. 1f.
[2] vgl. ebenda S. 2
[3] vgl. Zeuch M.: Was ist was. Bionik, 1. Auflage, Hamburg, TESSLOFF Verlag, 2006, S. 6

Die Bionik umfasst die Aspekte des Zusammenwirkens belebter und unbelebter Teile sowie Systeme. Die biologischen Organisationskriterien werden dabei wirtschaftlich-technisch anwendet.[4]

Für die allgemein interessierte Leserschaft ist folgende Wikipediadefinition ausreichend:

„Die Bionik (auch: Biomimikry, Biomimetik, Biomimese) beschäftigt sich mit der Entschlüsselung von „Erfindungen der belebten Natur" und ihrer innovativen Umsetzung in der Technik."[5]

---

[4] vgl. Nachtigall W.: Bionik – Grundlagen und Beispiele für Naturwissenschaftler und Ingenieure, 1. Auflage, Berlin, Springer Verlag 1998, S. 3
[5] online unter URL: http://de.wikipedia.org/wiki/Bionik, Stand 29.05.2009

3   Bionik im Leichtbau

3.1   Leichtbauweisen

Im Leichtbau wird nach folgenden vier Bauweisen, deren Einteilung von der Gestaltung, Fügung und Fertigung des Materials abhängt, unterschieden: Differentialbauweise, Integralbauweise, Integrierende Bauweise und Verbundbauweise.[6] Die Natur bedient sich im Evolutionsprozess von Pflanzen und Lebewesen folgender vielfältig bewährter Gestaltungsprinzipien:

- Herstellung mit sehr geringen Energiemenge
- geringer Materialaufwand
- wie erforderlich beweglich
- angemessene Masseverteilung
- angemessene Lebensdauer

3.2   Stufen der Zusammenarbeit

Bionik im Leichtbau bedeutet die Übertragung von Erkenntnissen aus Naturstudien auf die Technik. Nicht das Aussehen sondern die statischen, kybernetischen und dynamischen grundlagen als konstruktive Basis.[7] Es findet ein Abstrahieren von Naturprinzipien statt sowie deren angemessene technische Umsetzung.[8] Die Abbildung 1 verdeutlicht schematisch die Zusammenhänge.

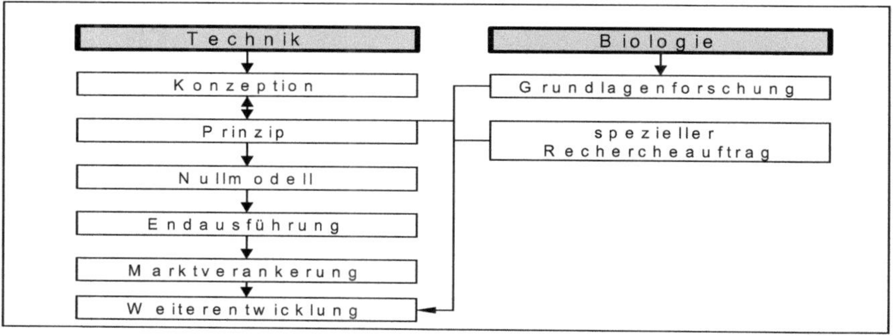

Abbildung 1: Stufen der Zusammenarbeit: Einbringung bionischer Anregungen in die technische Entwicklungskette nach NACHTIGALL[9]

---

[6] vgl. Wiedemann J.: Leichtbau 1: Elemente und Konstruktion, 3. Auflage, Berlin, Springer Verlag, 2007, S. 7f.
[7] vgl. Nachtigall W.; Bionik: Lernen von der Natur, Beck C. H. Verlag, München, 2008, S 23.f.
[8] vgl. ebenda, S. 8
[9] vgl. ebenda S. 49

In der Natur abgeschaut und daher bei der Konstruktion von Leichtbaulösungen zu beachten, sind folgende Strukturmerkmale:

- Masse vorrangig dort, wo die größte Belastung auftritt (dünnwandige profilierte Stabprofile bzw. geschlossene Rohre oder gefächerte und verrippte Flächentragwerke, Profilierung belastungsoptimal
- mglst. Zugbeanspruchung anstreben, Biegesteifigkeit nicht erforderlich
- falls Druckbeanspruchung, Maßnahmen gegen Instabilität durch Profilierung, Segmentierung, stützende Anbindung (dadurch aber Gewichtszunahme)
- Biege- und Torsionsbeanspruchung in massive Querschnitten vermeiden
- mglst. direkte Krafteinleitung und Kraftausgleich
- Realisierung mglst. großer Flächenträgheits- bzw. Widerstandmomente
- Feingliederung von Strukturen
- Nutzung natürlicher Stützwirkung durch Krümmung
- Gezielte Versteifung von Konstruktionen in Hauptbelastungsrichtungen
- Bevorzugen des integrativen Prinzips
- absolute Ausschöpfung einer Konstruktion
- Erreichung der vorgegebenen Nutzungs- und Lebensdauer[10]

---

[10] vgl. Ziemann G.: Skript Leicht- und Verbundkonstruktion, Einführung, HTW Berlin, 2009, S. 20ff. sowie Klein B.: Leichtbau-Konstruktion - Berechnung, 7. Auflage, Vieweg Verlag, Wiesbaden, 2007, S. 66 ff.

3.2.1   Bionik im Produktentwicklungsprozess

In Abbildung 2 ist ersichtlich, wieweit die Bionik in den allgemeinen technischen und methodisch gestützten Entwicklungsprozess eingebunden ist.

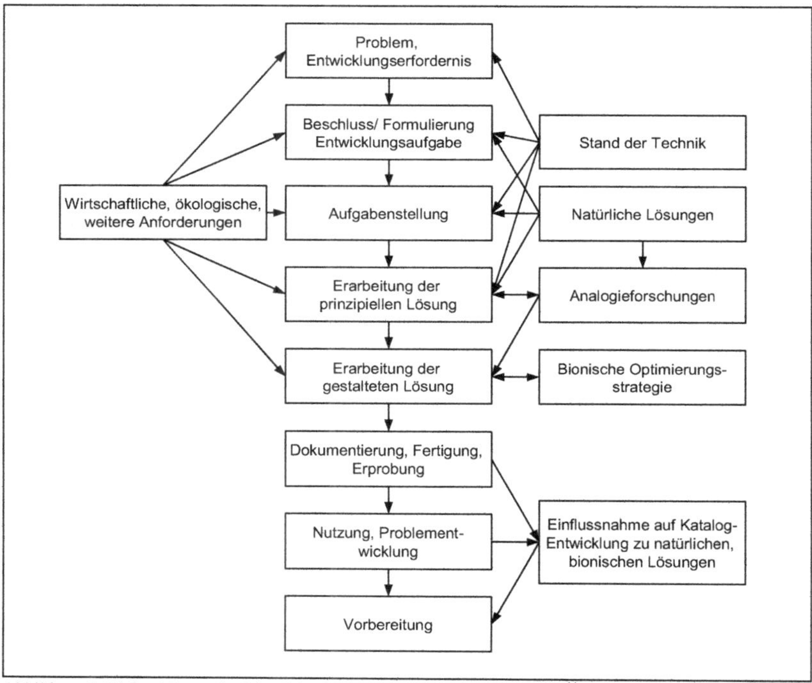

Abbildung 2: Einbeziehung der Bionik in den Produktentwicklungsprozess[11]

---

[11] Ziemann G.: Skript Konstruktionsmethodik – methodisches Konstruieren, HTW Berlin, 2000, S. 3

Um das Verständnis für das Anwenden von Naturprinzipien im Leichtbau zu erhöhen, werden in den folgenden Kapiteln einige Beispiele vorgestellt.

3.3   Anwendungsbeispiele

3.3.1   metallische Wabenplatten

Eine Anwendung von Bionik im Leichtbau sind metallische Wabenplatten. Diese bieten eine hohe Festigkeit bei niedrigem Gewicht und sind somit ideale Komponenten für Leichtbauanwendungen.

Bei der Konstruktion dieser Waben wurde sich an den Prinzipien des Wabenbaus der Honigbienen orientiert und diese in Konstruktionsprinzipien übertragen. Die hexagonalen Waben sind besonders materialeinsparend, da besonders viele Einheiten pro Fläche mit einem minimalen Materialaufwand untergebracht werden können.[12]

Ein Beispiel dafür ist die Aluminiumwabe 5052 (Abbildung 3). Dies ist ein leichtes Kernmaterial mit folgenden Eigenschaften:

- erhöhte Gebrauchstemperatur
- hohe thermische Leitfähigkeit
- flammbeständig
- exzellente Feuchtigkeits- und Korrosionsbeständigkeit
- widerstandsfähig gegenüber Pilzen
- niedriges Gewicht / hohe Stabilität[13]

Abbildung 3: Faserverbund- und Aluminium-Wabenkerne

http://www.jenny.ch/Bilder/Fotos_Homepage_2011/Wabenkern.jpg

---

[12] vgl. Nachtigall W.: Biologisches Design: Systematischer Katalog für bionisches Gestalten, Berlin, Springer Verlag,2004, S. 126 f.

[13] vgl. online unter URL: http://www.jenny.ch/Verbundwerkstoffe/5052.htm , Stand: 03.06.2009

Als industrielle Anwendungen der Waben kommen Böden in Flugzeugen, Flugzeugleitwerke, Raketenflügel, Triebwerkgehäuse, Treibstoffzellen, Komponenten für den Flugzeugrumpf, Helikopter Rotorblätter und Trennwandverbindungspaneelen für den Bereich Schifffahrt in Frage.

3.3.2 Flugzeugwinglets

Das Gebiet der Luft- und Raumfahrt ist traditionell leichtbaugeprägt. Aufgrund der Ölknapphaiet und dem hart umkämpften Flugzeugmarkt sind die Hersteller betrebt möglichst viel an Gewicht (und damit Kraftstoffverbrauch) zu sparen. Eine direkt vom Flugverhalten der Vögel abgeschautes Prinzip ist die Senkung des aerodynamischen Widerstandes durch neuartige Flügelendkonstruktionen – die Winglets.

Vögel haben an den Enden ihrer Flügel gespreizte Federn, mit denen sie ihre aerodynamischen Eigenschaften verbessern (siehe Abbildung 4). Da sich das Spreizen der Flügelenden aus strukturmechanischen Gründen nicht realisieren lässt, wurde dieses Prinzip in vereinfachter Weise übernommen und die Flugzusatzflügel eingeführt. Diese sogenannten Winglets erhöhen dabei die Streckung einer Tragfläche, ohne deren Spannweite zu vergrößern, aufgrund der Verringerung des aerodynamischen Widerstandes ergibt sich eine durchschnittliche Kraftstoffeinspraung von 3-5%.[14]

Abbildung 4:Kondor mit abgespreizten Endfedern/ Airbus mit Winglets

http://www.landenweb.nl/images/imgecuador/0E48DB3F-CA17-B3D8-0F8665D97676008A.JPG
http://www.boatdesign.net/forums/attachments/multihulls/39189d1262724313-hydrofoil-winglets-48289-241-thumb-560x840.jpg

---

[14] vgl. Oertel, H.: Bioströmungsmechanik: Grundlagen, Methoden und Phänomene, Wiesbaden, Vieweg und Teubner Verlag, 2008

3.3.3 Knochenstrukturen

Knochen sind Meisterwerke des Leichtbaus, die höchsten Beanspruchungen standhalten. Unter der harten äußeren Schicht haben sie eine poröse Struktur. Die Löcher dieses "Schwamms" sind im Knochen nicht überall gleich groß: Flächig belastete Teile wie der Oberschenkelkopf weisen größere Poren auf als solche, die nur Kräfte in einer Richtung aushalten müssen, wie etwa der schlanke Mittelbereich des Oberschenkelknochens.[15]

"Inzwischen können wir am Computer simulieren, welche innere Struktur ein Bauteil haben muss, damit es für eine bestimmte Anwendung optimal ausgelegt ist"[16], berichtet Andreas Burblies vom Fraunhofer-Institut für Fertigungstechnik und Angewandte Materialforschung IFAM. Das Werkstück wird rechnerisch in sehr kleine Würfelchen zerlegt. Dadurch kann für jedes einzelne der Elemente die erforderliche Festigkeit errechnet werden, wenn die äußeren Kräfte, die auf das Bauteil wirken, bekannt sind. Dieses Verfahren der "Finiten Elemente" wird auf die porösen Materialien des Leichtbaus übertragen, z. B. auf die Metallschäume, die in der Automobil- oder Luft- und Raumfahrtindustrie eingesetzt werden. Sie können damit herausfinden, wo die Poren klein sein müssen und wo größere Löcher ausreichen (siehe Abbildung 5).

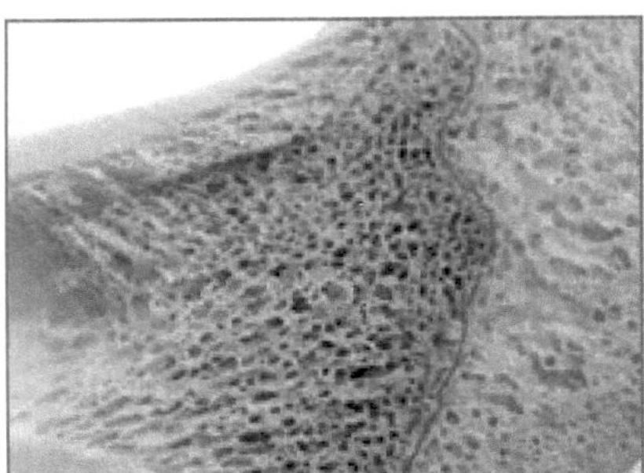

Abbildung 5: Naturvorbild Knochen

http://www.bionikvitrine.de/mediapool/99/996537/resources/17790969.JPG

Die Kombination von z. B. Röhrenprofil mit poröser Füllung ist überall dort sinnvoll, wo geringes Gewicht bei hohen Ansprüchen gefordert wird. Dies könnten beispielsweise Fahrrad-Rahmen sein. Ebenso wären Kräne und Brückenkonstruktionen oder Gerüste denkbar.

---

[15] Andreas Burblies: Künstlicher Knochen aus dem Computer, online unter URL: http://www.innovations-report.de/html/berichte/informationstechnologie/bericht-56827.html
[16] ebenda

3.3.4 Adaptives Bauteilwachstum

Bäume und Knochen wenden zelluläres Wachstum und Mechanismen an, um mit unterschiedlichen Belastungssituationen fertig zu werden. Mit bestimmten Finite-Elemente-Methoden (siehe Tabelle 1) ist es heutzutage möglich, diese Erkenntnisse auf technische Bauteile anzuwenden und sie in optimaler Form wachsen zu lassen.[17]

Tabelle 1: Simulationsmethoden biomechanischer Konstruktionsregeln nach BULLINGER[18]

Simulationsmethoden biomechanischer Konstruktionsregeln	Funktionsweise
Computer Aided Opimization (CAO)	Simulation eines adaptiven Wachstum durch spannungsgesteuerte thermische Ausdehnung mit Finite-Elemente-Methoden (FEM)
	In einem beliebig zu wählenden Designvorschlag werden für die später gewünschten Last- und Lagerungsbedingungen der mechanischen Spannungen berechnet
	Die so ermittelte Spannungsverteilung wird formal mit einer fiktiven Tempertaurverteilung gleichgesetzt und diese in einem nachfolgenden Rechenschritt als alleinige Belastung aufgebracht
Computer Aided Internal Optimization (CAIO)	iterative Berechnung eines Faserverlaufes innerhalb eines Bauteils
	Optimierung der Anordnung der Fasern in Richtung des Kraftflusses innerhalb des Bauteils
Soft Kill Option (SKO)	simuliert die adaptivenMineralisationsvorgänge im Konochen. Höher belastete Bereiche werden ausgesteift, minder belastete Bereiche dagegen erweicht und schließlich ausgemerzt
Visual Tree Assessment (VTA)	visuelles Bewertungsverfahren
	optimiert gestörte Spannungsveräufe innerhalb eines Bauteils

---

[17] vgl. Bullinger, H. J.: (Hrsg.): Technologieführer: Grundlagen - Anwendungen – Trends , 1. Auflage, Berlin, Springer Verlag 2007, S. 207
[18] vgl. ebenda

3.3.5 Bionische Schockpalette

In der Natur sind Dämpfungssysteme weit verbreitet. Bei Tieren und Menschen ist die Bedeutung der Dämpfungsfunktion offensichtlich, z. B. beim Kopf des Spechts oder den Stacheln des Igels. Doch auch Pflanzen besitzen häufig Dämpfungssysteme. Schlanke Gräser beispielsweise dämpfen durch Wind angeregte Schwingungen ihrer Halme. Einige dieser tierischen und pflanzlichen Modelle dienten als Vorbilder für die Entwicklung der bionischen Palette[19]

In einer Machbarkeitsstudie in Rahmen des BMBF Ideenwettbewerbs "Bionik - Innovationen aus der Natur" wird die Entwicklung und Herstellung einer neuartigen stoßdämpfenden Transportpalette mit bionischer Strukturoptimierung untersucht. Empfindliche Waren wie Computer-Serverschränke werden auf stoßdämpfenden Paletten transportiert. Gängige Palettensysteme bestehen aus einer Kombination unterschiedlicher Materialien, z. B. Holz, Metall und Kunststoff. Diese werden meist nach einmaligem Gebrauch entsorgt. Damit werden nicht nur Ressourcen verschwendet. Der Materialmix ist ökologisch problematisch und wird nicht oder nur teilweise recycliert. Die bionische Palette soll aus einem Faserverbundwerkstoff mit geschäumter Matrix und optimiert ausgerichteten Verstärkungsfasern hergestellt werden.[20]

Durch den Einsatz nachwachsender Rohstoffe, z. B. Hanf, Flachs oder Leinen, wäre die bionische Palette bei ähnlichen Kosten deutlich umweltschonender als bisher verwendete Paletten. Die in diesem FuE-Vorhaben entwickelte bionische Palette besitzt damit großen ökologischen und ökonomischen Nutzen.[21]

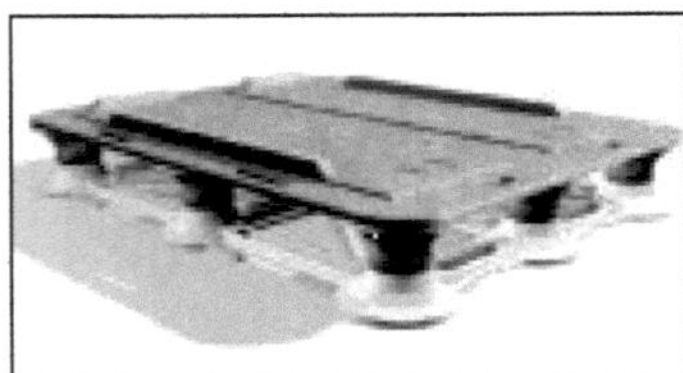

Abbildung 6: Bionische Schockpalette

http://www.bionikvitrine.de/mediapool/99/996537/resources/17955417.png

---

[19] N. N. online unter URL: http://images.google.de/imgres?imgurl=http://www.faszination-zukunft.de/bionik/pics/ bionik1.jpg&imgrefurl.de
[20] N. N. online unter URL: http://images.google.de/imgres?imgurl=http://www.faszination-zukunft.de/bionik/pics/ bionik1.jpg&imgrefurl.de
[21] ebenda

4   Schrifttum

Bullinger, H. J.: (Hrsg.): Technologieführer: Grundlagen - Anwendungen – Trends , 1. Auflage, Berlin, Springer Verlag 2007

Klein B.: Leichtbau-Konstruktion - Berechnung, 7. Auflage, Wiesbaden, Vieweg Verlag, 2007

Nachtigall W.: Bionik – Grundlagen und Beispiele für Naturwissenschaftler und Ingenieure, 1. Auflage, Berlin, Springer Verlag 1998

Nachtigall W.: Biologisches Design: Systematischer Katalog für bionisches Gestalten, Berlin, Springer Verlag,2004

Nachtigall W.; Bionik: Lernen von der Natur, Beck C. H. Verlag, München, 2008

Wiedemann J.: Leichtbau 1: Elemente, 1. Auflage, Berlin, Springer Verlag, 1996

Wiedemann J.: Leichtbau 1: Elemente und Konstruktion, 3. Auflage, Berlin, Springer Verlag, 2007

Zeuch M.: Was ist was: Bionik, 1. Auflage, Hamburg, TESSLOFF Verlag, 2006

Oertel, H.: Bioströmungsmechanik: Grundlagen, Methoden und Phänomene, Wiesbaden, Vieweg und Teubner Verlag, 2008

Internet

Burblies A.: Künstlicher Knochen aus dem Computer,

online unter URL: : http://www.innovations-   report.de/html/berichte/informations-technologie/bericht-56827.html

Wikipedia:

N. N.: online unter URL: http://de.wikipedia.org/wiki/Bionik, Stand 29.05.2009

N. N.: online unter URL: http://www.jenny.ch/Verbundwerkstoffe/5052.htm

N. N. online unter URL: http://images.google.de/imgres?imgurl=http://www.faszination-zukunft.de/bionik/pics/ bionik1.jpg&imgrefurl.de

Publikationen

Ziemann G.: Skript Leicht- und Verbundkonstruktion, Einführung, HTW Berlin, 2009

Ziemann G.: Skript Konstruktionsmethodik – methodisches Konstruieren, HTW Berlin, 2000,

Leicht- und Verbundkonstruktion											Schrifttum

Ziemann G.: Skript Konstruktionsmethodik – methodisches Konstruieren, HTW Berlin, 2000,

BEI GRIN MACHT SICH IHR WISSEN BEZAHLT

- Wir veröffentlichen Ihre Hausarbeit, Bachelor- und Masterarbeit

- Ihr eigenes eBook und Buch - weltweit in allen wichtigen Shops

- Verdienen Sie an jedem Verkauf

Jetzt bei www.GRIN.com hochladen und kostenlos publizieren